室内全案设计资料集

室内空间设计

1000例

李江军 编

中国电力出版社
CHINA ELECTRIC POWER PRESS

内 容 提 要

本系列包含室内全案设计中的三大重要部分，即软装设计、空间设计、全屋定制设计。书中以图文并茂的形式，每个分册精选 1000 例优秀设计案例进行直观分析，易于参考借鉴。本系列图书适合于室内设计师、软装设计师及相关专业读者学习使用。

图书在版编目（CIP）数据

室内全案设计资料集. 室内空间设计 1000 例 / 李江军编. — 北京：中国电力出版社，2020.1
ISBN 978-7-5198-3788-4

Ⅰ . ①室… Ⅱ . ①李… Ⅲ . ①室内装饰设计—图集 Ⅳ . ① TU238.2-64

中国版本图书馆 CIP 数据核字（2019）第 224236 号

出版发行：中国电力出版社
地　　址：北京市东城区北京站西街 19 号（邮政编码 100005）
网　　址：http://www.cepp.sgcc.com.cn
责任编辑：曹　巍（010-63412609）
责任校对：黄　蓓　常燕昆
版式设计：锋尚设计
责任印制：杨晓东

印　　刷：北京盛通印刷股份有限公司
版　　次：2020 年 1 月第一版
印　　次：2020 年 1 月北京第一次印刷
开　　本：889 毫米 ×1194 毫米　16 开本
印　　张：12.25
字　　数：433 千字
定　　价：68.00 元

前言

室内设计是一门综合性学科，同时也是建筑科学的延伸。由于房屋装修是非常复杂、烦琐的工作，而且专业性很强，因此在施工前应进行详尽规划。同时还应熟悉装饰材料的质地、性能特点，了解材料的价格和施工操作工艺要求，为设计构思打下坚实的基础。此外，软装搭配在室内设计中是十分关键的环节，因此，规划时在保证软装设计的安全性与美观性的同时，还应充分考虑居住者的喜好和生活习惯。

本系列分为《室内空间设计 1000 例》《全屋定制设计 1000 例》《室内软装设计 1000 例》三册。对于家居空间的设计，既有功能和技术方面的要求，也有造型和美观上的要求。室内空间尽管分工不同、各具功能特征，但在设计时，应在整体装饰风格统一下来后再进行设计，这是室内界面设计中的基本原则。若在各功能空间使用不同的装饰风格，容易显得不伦不类，让人无所适从。此外，在设计时应对空间的实际情况及使用需求做充分了解，以便进行最合理的设计。如客厅空间的设计，要求富于生活情趣及营造亲切的氛围；而卧室空间的设计，则要求安静、柔和，以满足休息及睡眠时的环境要求。

全屋定制是集室内设计及定制、安装等服务为一体的室内设计形式。全屋定制在设计过程中讲究与消费者的深度沟通，并以整体设计为核心，将风格、家具、装饰元素等进行整合规范，形成一套完整的室内设计流程体系。如今室内装饰风格日趋多样化，从繁杂到简约、从简约到个性化。全屋定制概念的提出，不仅大大地简化了整个装修的流程，而且一体化的设计，让人们在享受到整体性优势的同时也节约了大量的时间。

软装在室内的应用面积比较大，如墙面、地面、顶面等都是室内陈设的背景。这些大面积的软装配饰如果在整体上保持统一，能对室内环境产生很大的影响。有些空间硬装效果一般，但布置完软装配饰后让人眼前一亮。因此只要把握好室内软装饰品的搭配和风格的统一，就能为室内空间带来意想不到的装饰效果。

本书不仅对室内设计中的各个方面进行了深度剖析，而且海量的精品案例可直接作为设计师日常做方案设计的借鉴。此外，书中内容通俗易懂，摒弃传统室内设计书籍中枯燥的理论，以图文结合的形式，将室内装饰知识生动活泼地展现在读者面前。因此，本系列丛书不仅是室内设计工作者的案头书，同时对于业主在选择装修方案时，也同样具有重要的参考和借鉴价值。

目录

客厅

1

客厅既是家居生活的核心区域，又是接待客人的社交空间，因此在室内设计中有着举足轻重的地位。客厅空间的设计原则是实用且美观，而客厅的风格基调往往是整体家居格调的主体，需要在设计前应先明确其装饰风格。客厅空间的装饰风格可通过多种方法来呈现，如使用不同的材料装饰顶面、墙面、地面，展现出不同的风格特点；也可以通过不同的布局设计，让每个设计风格的特点更加明确。此外，在客厅装修设计中，营造宽敞的视觉感也十分重要。因此，不管空间大小，都应以宽敞明亮为设计原则。

轻奢风格 ①

• 轻奢空间造型设计

轻奢风格在空间造型上讲究线条感，因此背景墙、吊顶大多会选择干净利落的线条作为装饰。最常见的手法是墙面结合硬包、石材、镜面及木饰面等做几何造型，增添空间的立体感。此外，在空间格局的设计上，追求不受承重墙限制的自由。因此，经常会出现餐厅与客厅处在同一空间或者开放式卧室的设计，强调室内空间的宽敞与通透。

• 现代轻奢风格布局方案

现代轻奢风格是一种极致精美的室内装饰风格，它摒弃了传统意义上的奢华与繁复，在继承传统经典的同时，还融入了现代时尚的元素，让室内空间显得更富有活力。现代轻奢风格在空间布局手法上追求简洁，常以流畅的线条来灵活区分各功能空间，表达出精致却不张扬、简单又不随意的生活理念。

• 轻奢风格材质搭配

在轻奢风格的装饰中，简约与奢华是通过不同的材质对比和造型变化来进行诠释的。同时在材质和家具的选择上非常讲究，多以金属元素和简洁的线条营造出空间的质感。镜面、玻璃、皮革和烤漆的大量使用，配合不锈钢、铜等新型材料作为辅助，是轻奢风格家居常见的装饰手法。

- 木饰面板的运用

木饰面板在轻奢风格的家居装饰中有着举足轻重的地位，其表面的天然木纹清晰自然，色泽清爽，有着别具一格的装饰效果，并且能为时尚现代的轻奢风格空间带来几分自然的气息。此外，木饰面板还有着结构细腻、耐磨、涨缩率小、抗冲击性好等多种优点。在轻奢风格的家居装修中，木饰面板可做本色处理，提高它的亮度，也可以根据喜好以及空间自身的特点及风格，涂刷适宜的颜色，以服务于整体空间的配色。

- 金属线条的运用

金属装饰线条一般可分为铝合金线条、铜合金线条、不锈钢线条等。不同材质的金属装饰线条能为轻奢风格空间带来不同的装饰效果。金属线条常见的颜色有银色、玫瑰金、香槟金、黑钢、钛金、古铜颜色等。在轻奢风格的空间中，如果将金属线条镶嵌在墙面上，不仅能衬托出空间内强烈的现代感，在视觉上营造极强的艺术张力，而且还可以突出墙面的竖向线条，增加墙面的立体效果。

简约风格 ②

● 条纹图案的运用

经典的条纹元素常用在现代简约风格中。条纹图案既可以带来充满现代感的装饰效果，还可以提升家居布置的气质。一般来说，横条纹图案可以增加空间的横向延伸感，从视觉上增大室内空间。而在层高较低的简约风格空间中，则可以选择竖条纹图案，在视觉上拉伸空间的高度。

• 镜面与木质的完美融合

镜面材质是现代简约风格中常见的装饰材料。镜面的使用不仅能提升空间的优雅品质，而且也将简约风格空间里独有的美感表现了出来。若是单独使用镜面元素，容易让空间显得清冷，因此可以搭配自然温润的木质元素，以增添稳重内敛的感觉，同时消融镜面材质冷硬华丽的质感，让自然元素和现代元素形成融合。

• 简约风格客厅色彩搭配

现代简约风格的客厅色彩选择上比较广泛，主要遵循以清爽为原则，颜色和图案与居室本身以及居住者的情况相呼应即可。黄色、橙色、白色、黑色、红色等色彩都是现代简约风格中较为常用的几种色调。黑灰白色调在现代简约的设计风格中被作为主要色调而广泛运用，让室内空间不会显得狭小，反而有一种鲜明且富有个性的感觉。

• 小面积客厅的设计重点

小客厅的家具要少而精，款式也尽量以小巧不占地方为主。客厅的整体色调尽量明亮简洁，避免与深色的颜色搭配，深色会让居室显得更加压抑昏暗，明亮的浅色系能有效地提亮居室光线，让客厅显得视野开阔。设计上要学会留白，适当的留白能扩大客厅的视觉空间感。也可以在墙上安装镜子，从视觉上增加房间的通透性，拓宽人的视觉范围。另外，选择一幅以海洋或森林为题材的油画或水彩画作装饰，也能达到由心境的舒缓而弱化小空间的压抑感的效果。

• 同色系搭配方案

独特的地理环境，让北欧人更喜欢浅淡的家居氛围。为了提升家居的光亮度以及避免凌乱的感觉，北欧风格通常会采用同色系的搭配手法，如在主会客区沙发的布艺上采用同色系设计。简约自然的空间色彩，犹如描绘出了一幅充满自由和生机的画卷。此外，在浅色系的空间里，搭配深色作为点缀可以起到稳定空间的作用。

• 自然元素的运用

贴近自然是北欧风格家居装饰的一大特色，因此可以选择搭配一些手工艺编织的地毯和手工箩筐，以体现出北欧当地的特色与人文之美。在绿植搭配上，随意采摘几朵棉花、几支野草都可以成为北欧风格家居的插花艺术。此外，还可以用一些植物的叶片制成标本，再用镜框裱起来，挂在墙面上，这也是非常不错的装饰手法，不仅花费少，而且装饰效果极为突出。

• 仓谷门的设计要点

仓谷门是推拉门的一种，原本是作为国外农场的仓库门，后来被运用到了室内设计中。仓谷门的轨道外露，安装简单，而且其门型不限，规格不限，因此能与北欧家居的设计风格完美融合。由于仓谷门是悬挂轨道式设计，因此对五金及墙体的质量和承重都有着较高的要求。一般可设在红砖或混凝土浇筑的承重墙面，而空心砖、泡沫砖材料制成的墙面，则不宜设置仓谷门。

• 立体墙饰的设计方案
北欧风格过道空间的墙面，可以选择立体感比较强的元素作为装饰，如造型时尚新颖的艺术品挂件、挂镜、灯饰等。立体装饰品在不同的角度都有着不同的视觉效果，因此能让整个墙面鲜活起来。而且其独特的立体感，在为空间增加灵动感的同时，还能在视觉上产生扩展空间的效果。

中式风格 4

• 对称式布局方案

对称中正的布局是中式风格最为常见的格局设计，不仅能增强空间的平衡感，同时还展现出了传统中式风格厚实沉稳的气质。此外，四平八稳的空间设计，表达了现代人对中国传统艺术的欣赏，同时还代表着中国古典文化的复苏。对称的空间布局手法，营造出了稳重端庄、宁静雅致的居住氛围。在此基础上，还可以利用软装饰品的点缀，在平稳的空间里制造出视觉惊喜。

• 新中式风格吊顶设计

新中式风格的吊顶造型多以简单为主，古典元素的搭配应点到为止。可以将平面直线吊顶搭配反光灯槽营造现代时尚的氛围。此外，新中式吊顶材料的选择应考虑与家具以及软装的呼应，比如木质阴角线，也可以在顶面用木质线条勾勒出简单的角花造型，这些都是新中式吊顶在设计中常用的装饰方法。

• 实木雕花的运用

实木雕花艺术是中国古典家居中必不可少的浪漫情结。将其作为中式家居客厅的装饰，体现出了古人独具匠心的美学思想。常见的实木雕花样式有祥云、如意、卷草纹等，每一种雕花都代表不同的寓意。实木雕花多运用于客厅空间的窗户、隔断及木质家具中。需要注意的是，实木雕花对于制作工艺要求较高，因此在制作时应处理好脱水、脱脂，否则一旦受潮容易发生开裂、霉变等问题。

• 园林造景设计

将中国传统的园林造景手法运用在室内设计中，使家居空间呈现出了天人合一的独特意境，并将中式风格的情致和意蕴展现得淋漓尽致。空间中的山石、花卉植物等元素为家居空间带来了自然舒适的环境气氛。园林艺术形象是自然形象的理想化表现，将自然界的景观加以理想化的创造，这一深层次的设计不仅美化了居住空间的环境，同时也加深了人与自然之间的情感沟通。

• 新元素的运用

空间里的中式元素不仅不是孤立存在的，而是以一种全新的形式去演绎，让中式风格的空间显得更具生命力。新元素的参与让空间显得简洁明朗，而且还创造出了更多精致现代的空间美感。不锈钢线条具有耐水、耐磨、耐擦、耐气候变化等特性，并且表面光洁如镜。在中式风格的空间里运用不锈钢线条，所带来的装饰效果极为突出。

• 中式花格的运用

花格是最能体现中式风格特色的元素之一，中式花格一般是用木材做成方格，并搭配传统中式的装饰图案，呈现出中式风格的古典韵味。在新中式风格中运用花格不仅保持了中国传统的家居装饰艺术，而且还为其增添了时代感，突破了中国传统风格稍显沉闷的弊端。

• 法式风格客厅设计特点

法式风格客厅多以开放式的空间结构、室内随处可见的花卉与绿色植物、雕刻精细的法式家具为特色，表现出追求精致与自然回归的设计理念。装饰设计中使用变化丰富的卷草纹样、蚌壳般的曲线、舒卷缠绕着的蔷薇和弯曲的棕榈。为了更接近自然，一般尽量避免使用水平的直线，而用多变的曲线和涡卷形状，它们的构图不是完全对称，每一条边和角都可能是不对称的，变化极为丰富，令人眼花缭乱，有自然主义倾向。

叶青设计

- 壁炉元素设计方案

在法式风格客厅中，其壁炉一般都会靠墙设计，隐蔽的同时也不会占用太多空间，而且在一定程度上增加了安全性。壁炉可以现场制作也可以定做，一般以石膏和石材两种材质为主，以大理石材质制作的壁炉会显得更奢华一些，因此更适合面积较大的法式风格客厅。此外，还可以在壁炉上以及周围适当地搭配一些饰品摆件，让壁炉呈现出更为灵活的装饰效果。

• 花线描金装饰客厅空间

在法式风格的客厅空间中，适度的采用花线描金的方法可以很好地营造出高贵浪漫的空间感觉，并且可以让整体的装饰品质得到极大的提升。需要注意的是，描金装饰不宜过多地使用，最好是在需要重点表现的区域上适当点缀。同时，还应根据整体空间的装饰特点，选择不同的描金花纹，合理的利用才能高效的发挥花线描金在法式风格里的装饰作用。

- **实木护墙板的运用**

实木护墙板是近年来逐渐发展起来的室内墙体装饰材料，由上、下水平框，竖直框，芯板和角框组成，具有安装方便、可重复利用、不变形、寿命长等优点。实木护墙板的材质选取不同于一般的实木复合板材，常用的板材有樱桃木、花梨木、胡桃木、橡胶木，由于这些板材往往是从整块木头上直接锯下来的，因此其质感非常真实与厚重，与法式风格空间的气质极为搭配。

• 拼花地砖的运用

在法式风格的客厅空间里，常运用地砖拼花的手法装饰地面，呈现出的装饰效果让人流连忘返。需要注意的是，地砖的拼花需要和房屋的整体装饰风格相融合，才能将法式风格客厅的典雅浪漫完美地呈现出来。法式风格的地面适合选用线条柔美、色彩淡雅的拼花花纹，这类形式的拼花可以使整个空间变得更加柔美典雅。

过道

随着现代家居户型面积的增大，许多家庭都会有或长或短的过道，而过道是通往各个功能区的必经之路。因此，过道空间的设计是室内设计中十分重要的环节。很多户型过道的采光都不是很好，可考虑在其墙面使用镜面或玻璃材质，既可以装饰空间，又能使整个过道显得更加亮堂，并延伸空间的视觉效果。如果过道两边都有横梁压顶，则可以在吊顶的设计上下功夫，比如设计半圆式的弧形吊顶，并在其间设置隐藏式的小灯和射灯，不仅可以增强空间的层次感，还解决了过道空间光线不足的缺陷。

轻奢风格 ①

• 镜面元素的运用

轻奢风格的空间少不了镜面的装饰，将各种质感的镜面材质灵活地贯穿其中，可以营造出独特的空间气质。在相对狭长的空间里，于局部立面的位置设置镜面，可以让空间更有纵深感，而且还能在视觉上起到扩张空间的效果。需要注意的是，在安装落地镜面时，要先做好基层处理，如果直接用中性玻璃胶将其粘贴到原始墙面上，时间长了，墙体的抹灰层容易剥落，存在安全隐患。可以先在墙面打一层九厘板，再把镜面用硅胶粘贴在九厘板上。

• 过道宽度尺寸设计

过道的长短、是否有采光等因素都对过道的宽度有相当的影响，一般长的、暗的、双侧有房间或墙壁的过道，都要适当宽一点或采取变换宽窄的手法加以处理，避免压抑感。通往卧室、客厅的过道要考虑搬运写字台、大衣柜等物品的通过宽度，尤其在入口处有拐弯时，门的两侧应有一定余地，所以此类过道不应小于1m；通往厨房、卫浴间、储藏室的过道净宽可适当减小，但也不应小于0.9m，以免影响正常的行走。

• 抛光砖的运用

抛光砖不仅可以改善室内采光，而且还可以提升空间的纵深感，因此很适合运用在简约风格的家居空间中，与简约风格所倡导的生活方式极为契合。在简约风格的空间里运用抛光砖时应注意其纹理不可过于复杂，选择简单素雅或者带有不明显纹理的抛光砖，有助于营造自然舒适的家居气氛。

夏沐森山设计

耕图建筑装饰设计

辰佑设计

共和设计

珥本设计

珥本设计

禾观空间设计

叶青设计

以勒设计

画年代设计

• 石膏板吊顶设计

在简约风格中，石膏板应进行简化设计，以突出简约风格精简、细致的特点。层高过低的简约风格空间还可以用石膏板做四周局部吊顶，形成一高一低的错层，既起到了区域装饰的作用，而且在一定程度让人忽略掉层高过低的缺陷。

以勒设计

禾观空间设计

派尚设计

欧阳金桥

瓦第设计

- **墙面柜体设计**

简约风格提倡最大化地简化空间的设计与布置，因此本着简约空间的原则在墙面上设计内凹式形如壁龛的柜体，不仅可以作为收纳柜、书架等用于收纳日常用品，也可以用于陈列饰品、摆件等作为空间装饰。墙面柜体是一个把硬装饰和软装饰相结合的设计理念，但在选择位置的时候必须考虑到不影响家具的布置和使用。

北欧风格 ③

- **过道地毯搭配重点**

在北欧风格的家居空间里，如果过道过于狭长，可以选择搭配带条纹装饰的地毯，不仅可以缓解北欧风格空间所带来的单调和清冷感，同时在视觉上也很好地起到了指引路线的作用。在材质上，可选择使用粗犷的生羊毛地毯，虽然赤裸双足可能会感觉到稍有粗糙，但也有一种能和羊毛本身油脂充分接触的舒适感。

• 麋鹿头墙饰的运用

麋鹿头墙饰是北欧风格家居的经典代表，20 世纪，打猎活动风靡欧洲，人们喜欢把打猎而来的动物制成标本挂在客厅，以向客人展示自己的能力、勇气和打猎技术，因此麋鹿头是北欧风格家居装饰中非常常见的装饰元素。如今提倡保护动物，鹿头墙饰多以铜、铁等金属或木质、树脂等材料为主。

文青设计

• 裸砖墙的特点及运用
裸砖墙具有朴实无华、自然沉稳的气质，并且给人以自然、极简、粗犷的视觉感受，因此非常适合运用在北欧风格的家居环境中。裸砖墙与生俱来的厚重与清雅，是大多数现代建筑材料无法效仿和媲美的。此外，裸砖墙通常出现在写意的空间里，利用简单的对比效果表述出了北欧风格家居极简与随性的空间感。

一亩绿设计

一亩绿设计

拉菲设计

马非空间设计

拾隅空间设计

双青设计

文青设计

夏伟新设计

中式
风格 ❨4❩

• 大理石波打线的运用

大理石波打线常用于新中式风格家居的过道、玄关空间等地面。由于其花样及款式非常丰富，不仅能更进一步地装饰地面，而且还可以在视觉上加强空间的层次感和区域感。选择使用一些看起来具有特别艺术韵味的波打线，不仅富有美感，而且还能体现出新中式风格简约又不失典雅的特点。

• 拼花瓷砖装饰地面

拼花瓷砖是中式风格装修中常见的地面装饰材料，并常运用于过道玄关等区域。为了能达到更好的装饰效果，瓷砖拼花的图案以中式元素为主，如万字纹、回字纹等。同时通过合理的设计，将瓷砖拼花装饰效果显示出来。此外，还可以利用深色胶，在瓷砖上产生分割的效果，这样不仅对拼花的装饰效果有着更好地提升，还能为中式风格的空间制造出别具一格的艺术气质。

· 木花格隔断设计

在家居中使用富有中式特色的木花格作为隔断，不仅能呼应整体的设计风格，而且还增加了家居空间的私密性，起到了隔而不断的视觉效果。木质花格宜选用硬木制作，中档的可以用水曲柳、沙比利、菠萝格；高档的可以选用鸡翅木、花梨木、柚木等。低档的则一般是使用杉木制作，但由于杉木结疤较多，一般需要经过处理后才能使用。

• 月亮门隔断设计

月亮门如同一轮满月，经常出现在中式古典风格空间中，室内常作为隔断，精致的雕刻及花格起到分隔空间的作用，又成为一道美丽古典的景观。运用到园林设计中，月亮门常作为院落过渡。月亮门线条流畅、优美，而且造型中蕴含着中国传统文化所追求的圆满、吉祥等寓意。选用的榆木或者楸木材质，质地坚硬，经久耐用。花格通常设计为万字不到头、冰裂纹或葡萄、荷花等缠枝纹透雕形式。

法式 风格 ⑤

• 地面拼花设计

在法式风格的装修中，各式各样的地砖拼花充满怀旧风情，如果想要打破过道的沉寂，体现出一种活泼的跳跃感，不妨运用地砖拼花与环境色彩强烈的对比，让别致的拼花图案成为视觉中心。如果在地面选择了石材拼花，切记不要选择微晶石，因为其表面的玻璃使用久了以后容易产生划痕，不仅显眼并且难以修复。

• 罗马柱装饰过道空间

在过道使用罗马柱作为装饰可以提升家居空间的品位。罗马柱是由柱和檐构成的，柱可分为柱础、柱身、柱头三部分，由于各部分尺寸、比例、形状的不同，加上柱身处理和装饰花纹的各异，从而形成了各不相同的柱子样式。主要有多立克式、爱奥尼克式、科林斯式、罗马式等。线条简洁的罗马柱适合用于简洁大方的简欧风格空间，而带有雕塑、雕像等繁复的罗马柱则适用于比较豪华的古典法式风格。

• 过道休闲区设计

有些法式风格空间的过道面积较大，可以布置一些边柜或者休息椅之类的家具，形成一个小型的休闲区。但要注意过道是走动频繁的地带，为了不影响进出两边居室，摆放的家具最好不要太大，圆润的曲线造型既会给空间带来流畅感，也不会因为尖角和硬边框给主人的出入造成不便。但如果面积较小，则最好不要布置任何占用地面空间的家具，以保持过道的通畅为宜。

书房

阅读需要安静的环境，因此应选择人不经常走动的房间作为书房。一般来说，平层公寓的书房可以布置在私密区的外侧，或者入户门旁边单独的房间，如果书房同卧室是一个套间，则在外间比较合适。复式住宅的特点在于分层而治，互不影响。在这样的户型里，可以选择单独的一层作为书房。独栋别墅的书房不要靠近道路、活动场，最好布置在房屋后侧，面向幽雅绚丽的后花园。

3

轻奢风格 ①

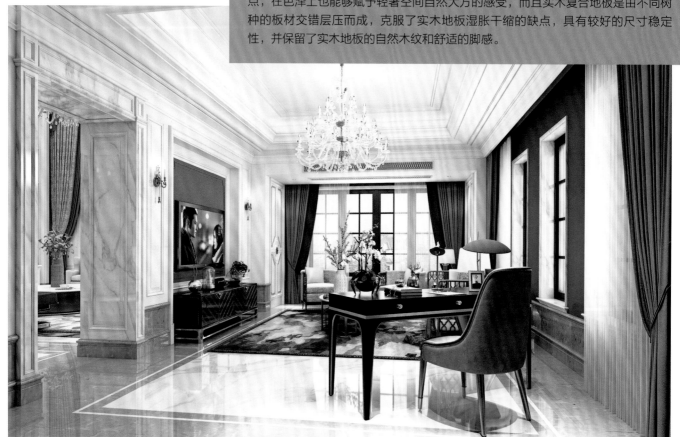

• 实木复合地板的运用

如果喜欢木地板般独特的自然纹理，又希望能通过地板展示轻奢风格空间不俗的时尚品位，不妨尝试在家居地面铺贴实木复合地板。实木复合地板可以在表层木面上很好地做到自然与美观完美的结合，不仅能很好地呈现出家居空间时尚大方的特点，在色泽上也能够赋予轻奢空间自然大方的感受，而且实木复合地板是由不同树种的板材交错层压而成，克服了实木地板湿胀干缩的缺点，具有较好的尺寸稳定性，并保留了实木地板的自然木纹和舒适的脚感。

CCD 设计

H DESIGN 设计

SKH 设计

汉美设计

欧阳金桥

朴森软装设计

开戊空间设计

纳沃设计

• 轻奢风格书房饰品搭配

在为轻奢风格的书房空间搭配饰品时，应尽量挑选一些造型简洁、色彩纯度较高的摆件。数量上不宜太多，否则会显得过于杂乱。可以选择一些以金属、玻璃或者瓷器材质为主的现代工艺品。此外，一些线条简单、造型独特甚至是极富创意和个性的摆件，都可以作为现代轻奢风格空间中的装饰元素。

赛瑞迪普空间设计

臻品空间设计

臻品空间设计

聚舍联合设计

• 书籍摆放技巧

书籍摆放是书柜收纳的基础。在整理书柜的过程中，可以将一些不常看或是用来收藏的书籍摆在书柜的内侧，并将较厚的书籍摆放在书柜的最里面或最顶端。此外应养成看完书之后及时将书本摆放在合适位置的习惯，并定期进行整理。如果家里有一些不经常看的书籍要收藏，可以选择密封性好一些的书柜对其进行收纳，这样可以避免因为长时间闲置而沉积灰尘，以保证书籍整洁。

- **书房色彩搭配**

简约风格书房的特点是简约但不单调，并给人以简单、大方、舒适、清爽的感觉。此外，在颜色的运用上一般采用淡色系列为主，所营造出来的环境非常适合阅读、写作、学习、工作并且符合现代人的生活品位。将简单恬淡的设计手法运用在书房空间，不仅能展现出简约风格的空间特点，而且简简单单的空间，更能提高学习和工作的效率。

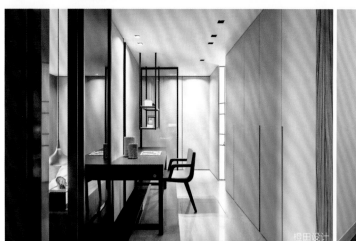

橙田设计

纳沃设计

共和设计

• 书房照明设计

简约风格的书房照明设计，主要以满足工作、学习为主，因此在设计照明时应重点考虑其功能性，在造型上简单大方即可。另外，书房空间的照明应柔和且明亮，以为学习和工作时提供良好的照度。此外还可以在书桌、书柜、阅读区搭配台灯作为重点照明，不仅能让书房空间的照明显得更为全面，而且还能提升书房空间的儒雅气质。

品悦公装

李忠光设计

益善堂设计

• 几何线条的运用

在简约风格的家居空间中，最突出的特点是在设计时会采用简单的几何线条，其书房设计也是如此。简单而规矩的线条使整个书房显得条理、大方。而深色的家具搭配给人严肃、沉稳的感觉，可以使人静下心来阅读、工作。在沉稳的简约风格书房空间中，搭配造型新颖的软装饰品，能给整个书房空间增添时尚和活泼的气息，从而也让学习和工作的空间显得不那么单调无趣。

北欧 风格 ③

• 北欧风格空间特征

在北欧风格的书房空间里，不会有过多的修饰，有的只是干净的墙壁以及简单的家具，再结合粗犷线条的木地板，以最为简单纯粹的元素营造出干净并且充满个性的空间。在空间格局方面强调室内空间宽敞、内外通透，以及最大程度地引入自然光，并且在空间设计中追求流畅感，顶面、墙面、地面均以简洁的造型、纯洁的质地、细致的工艺为主要特征。

周留成设计

文青设计

TK 设计

文青设计

谦禾空间设计

青云居设计

十杰装饰

文青设计

文青设计

寓子设计

• 墙面置物架设计

合理有效地将墙面空间利用起来，对于解决书房的收纳问题有着很大的帮助。在北欧风格书房墙面设置一个符合空间气质的置物架，不仅能满足书房空间收纳物品的需求，而且还能放置一些艺术品来增加书房空间的品质感，从而让置物架达到装饰与收纳的双重功能。需要注意的是，置物架的安装位置应以不影响人的活动为准。

搁板在北欧风格的书房墙面极为常见，其结构简单、轻便，并且具有强大的实用功能。设置搁板时应优先考虑其承重能力，尤其是放置较重物体的搁板，一般托架式、斜拉式搁板的支撑力较强，因此可以优先考虑。搁板的好处在于以其小巧的身躯可以在墙面上开辟出更大的可利用空间，可收纳、可展示，一物多用，因此是北欧风格书房设计的极佳选择。

馥阁设计

凡尘壹品设计

陌上设计

• 中式风格书房设计要点

中式风格书房空间的设计应以实用性为主，因此在总体设计上应充分地考虑到简单的陈设布置以及明亮充足的光线。为了达到更好的效果，中式风格的书房空间在照明、配色、装饰品等方面都应采取合理的搭配方式。简单明了的设计，不仅能让书房空间集优雅大方、实用舒适为一身，而且还能减轻学习和工作时的压力。

• 书法墙纸的运用

在中式风格的书房空间使用书法墙纸，可以营造出文雅清高的氛围。流畅且富有美感的书法线条，彰显着东方神韵，曼妙的字体，为空间勾勒出了点睛之笔，并于字里行间透露出对生活的感慨和牵绊。此外，还可以让梅、兰、竹、菊等富有中式风韵的元素出现在书法墙纸上作为点缀，不仅丰富了墙面空间，而且还体现出了中华文化的包容与丰富。

叶青设计

盆景是中式风格家居常见的装饰摆件。中式盆景一般由建筑、山水、花木等共同组成的，讲究有诗情画意，其中的山石往往与水并置，所谓"叠山理水"，就是要构成"虽由人作，宛自天开"的情境。盆景的妙处就在于小中见大，能够在有限的家居空间里，营造出无限和广大的视觉和观感体验。

法式风格 ⑤

• 法式风格书房墙面设计

法式风格的书房设计中，墙面的装修也可以体现出浓郁的法式风情。法式风格的书房墙面一般可以选择壁纸进行装饰。在挑选墙面的壁纸时，需要利用其古典、高雅的设计，才能展现出高雅的法式风格。法式风格的书房空间在设计时较为自由且不受局限，面积大、宽敞是法式风格书房最为明显的特点。采用暖色的壁纸作为墙面装饰，不仅可以带来古典优雅的感觉，还能让宽大的书房空间更显温暖。

SKH 设计

陈伟文设计

• 书桌陈设方案

在面积较为宽敞的法式风格书房中，通常会采用将书桌居中放置的中正布局。将厚重典雅的书桌作为书房空间的主角，显得大方得体。将书桌居中放置首先要解决电线的合理排布，如将插座设计在离书桌较近的墙面上，也可以在书桌下方铺块地毯，接线从地毯下面过，此外还可以选择做地插，但其位置应尽量放在不影响人活动的地方。

叶青设计

• 木地板的运用

木地板是法式风格书房空间常运用到的地面材质，而且一般不会将表面涂刷得过于明亮鲜艳，而是利用木地板本身自带的深棕色制造出厚重的典雅感，以减少实木地板的光泽度来营造自然古朴的质感。在铺设了深色木地板的法式风格书房空间里，可以选择搭配一些颜色较为接近的家具，这样就不会导致整体空间的色调搭配不协调，也不会影响到室内装饰的美观度。

逸尚东方设计

品川设计

榀格设计

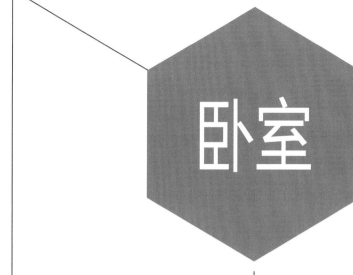

卧室

4

卧室作为私密空间，其空间设计应以舒适宜人为原则。在设计时应考虑主人的年龄、性格、兴趣爱好等因素，创造一个完全属于个人的温馨环境。当卧室面积不大时，床一般靠墙角布置；面积较大时，床可安排在房间的中间。床位不宜临窗放置，因为靠窗处冬天较冷，夏天太热，而且开关窗户不便。一般可将床安排在光线较暗的部位，以提升睡觉时的安全感。卧室是十分适合铺设地毯的空间，不仅能制造高档豪华的装饰效果，而且赤脚时也能感觉到温暖和舒适。不过，铺地毯无疑会加重清洁的难度，换洗和储存也较为麻烦。因此，在铺设了木地板的卧室，只需在床边放一小块纯毛地毯，就能营造温暖的氛围。

轻奢
风格 ⬡①

• 墙布的运用技巧

墙布是一种室内墙面装饰材料，按其层次构成可分为单层墙布和复合型墙布两种。由于其可满足多样性审美要求与时尚需求，因此非常适用于轻奢风格室内的墙面装饰。在为轻奢风格墙面搭配墙布时，既可以选择一种样式的墙布铺装以体现统一的装饰风格，也可以根据不同功能区的特点以及使用需求选择相应款式的墙布，以达到最为贴切以及个性化的装饰效果。此外，墙布不仅有墙纸变幻多彩的图案、瑰丽无比的色泽，同时在展现轻奢空间的品质上，也比墙纸更胜一筹。

• 大户型卧室设计要点

大户型卧室摆放床时可以选择两扇窗离得较远一点，中间墙面足够宽的区域，将床头放置在两窗之间靠墙的位置。在摆进床、衣柜及梳妆台后，仍有空间可以利用。可以增加单椅或沙发，又或借此分隔出一个休闲的空间，既考虑到实用功能，也营造出别样浪漫的空间氛围。其次，大面积的空间，可在床的两边各摆一个较大的床头柜。床头柜不只是具有美观功能，还兼具收纳实用性。

• 新材料的运用

实用性将是未来家居装修的发展趋势，而简洁和实用正是轻奢风格空间装饰的原则，在经济、实用、舒适的同时，还体现出了一定的文化品位。此外，钢化玻璃、不锈钢等新型材料的大量使用，也是轻奢风格空间里较为常见的装饰手法，色彩丰富却不跳脱，于明亮中带着暗暗的低调，给人带来时尚前卫、不受拘束的感觉。

- 卧室无主灯设计

顶面一个主光源，并在周边搭配辅助光源，这是常规的卧室照明设计。而在简约风格的卧室空间里，可以不使用主光源，其主要照明依靠隐藏于吊顶的光带以及散落于顶部的筒灯，也完全可以满足空间的照明需要。需要注意的是，吊顶光槽口的高度一般要大于 15 厘米，其光源尽量选择暖光或者中性光，以营造温馨的睡眠环境。

- 暗光源的运用技法

暗光源是简约风格中常见的灯光设计，在卧室、客厅等各个功能区的顶面、墙面都能见到暗光源的设计。见光不见灯的灯光效果，形成了光影错落的奇妙感觉，从而也完美地达到了烘托家居气氛的作用。

● 吊顶灯槽设计

灯槽吊顶是简约风格空间中常见的顶面造型。吊顶灯槽可以提高吊顶的完整性、通透性和装饰性。在制作时要留好灯槽的距离，保证不遮挡灯光的放射，如果吊顶有中央空调，空调的出风口往往会影响风口附近灯带的寿命，为了避免这个问题，在设计和施工过程中要控制好空调出风口的位置，尽量与灯带保持在一个安全的距离。

- 纯色地毯的运用

纯色的地毯能为简约风格的空间带来一种素净淡雅的感觉。相对而言，卧室更适合铺垫纯色的地毯，凌乱或热烈色彩的地毯容易令人兴奋，不仅会影响睡眠质量，也不符合简约风格简单专注的空间特点。

北欧风格 ③

· 木地板上墙设计

注重绿色环保理念的北欧风格家居，往往会尽可能多的在家居空间中融入自然元素。如在墙面上铺贴木地板作为装饰。木地板上墙的设计为北欧风格的家居环境增添了自然气息，而且看似简单朴素的设计，却将家居环境打造得生意盎然，同时也表达出了现代人对于大自然的憧憬与尊崇。

HEY 设计

ULD 设计

• 玻璃饰品的运用

玻璃材质不仅通透轻盈，而且其艺术造型也非常丰富，因此非常适合运用在追求清新气质的北欧风格空间中。常见的玻璃材质元素有玻璃花瓶、杯盘、工艺品、玻璃烛台、玻璃酒杯等，摆放在家中任何一个需要点缀的地方，就能将北欧风格的家居空间点缀得清新宜人。由于玻璃种类繁多而且家居适用性极广，因此使用玻璃装点家居时，应根据整体空间的特点进行布置。

南舍空间设计

艾清设计

马非空间设计

• 卧室空间绿植搭配

绿植是北欧风格家居中不可或缺的点缀饰品，将其与空间
中的白色形成搭配，可以让空间显得清新自然。绿色与白
色的组合运用，一方面丰富了空间里色彩的层次，而且也
不会显得杂乱。而且绿色与北欧家居中的原木色也能形成
协调搭配，如果说蓝白的色彩组合让人如同置身在天空和
海洋中，那么绿白配以原木色则能营造出如同森林深处的
静谧祥和。

北欧设计

一亩绿设计

拉菲设计

清羽设计

晓安设计

• 卧室床头软包设计

在中式风格的卧室空间利用软包作为床头设计，能给典雅厚重的氛围融入一丝舒适浪漫的感觉。在枕头以及靠枕的设计上，加入中式元素的图案与色调，营造出华美舒适的卧室空间环境。由于软包的质地通常都较为柔软，有着舒适的触感，而且其颜色也比较柔和。因此对于中式风格卧室中气质比较厚重的家具、饰品以及配色，都能起到柔化的作用，从而让休息环境于稳重中流露出温馨的感觉。

叶青设计

叶青设计

叶青设计

叶青设计

- **中式风格卧室灯光设计**

中式风格的卧室在灯光设计上应尽量搭配漫射的光源，不宜在床头上部设置射灯，否则容易给眼睛造成伤害。卧室床头灯的光线应该比较柔和，刺眼的灯光只会打消人的睡意，令眼睛感到不适。因此可以采用泛着暖色或中性色光感的光源，如鹅黄色、橙色、乳白色等。需要注意的是，床头灯的光线要柔和，并不是说要把亮度降低，因为偏暗的灯光会给人造成压抑感，并且对视力也会有一定的影响。

叶青设计

叶青设计

叶青设计

• 新中式风格窗帘设计要点

新中式风格的窗帘多为对称设计，而且帘头比较简单。在造型上经常使用流苏、云朵、盘扣等作为点缀。新中式窗帘在装饰图案上，除了经典的龙凤纹样，还承袭了自然的花鸟虫鱼、梅兰竹菊、仙鹤、蝴蝶等富有中式特色的图案，再借助印花、刺绣等现代简约的设计理念，使中式家居的窗帘设计焕发出新的生命。

- 花鸟图墙纸的运用

花鸟图墙纸常被运用在沙发背景墙、床头背景墙等墙面。在家居的墙面空间搭配花鸟图墙纸，可以提升整体环境的鲜活气氛。清雅的花鸟画墙纸，悠然地吐着芬芳，彰显出了独有的东方美韵。中式花鸟画墙纸一般以富贵的黄色为底色，题材以鸟类、花卉等元素为主，其犹如诗情画意的美感瞬间点亮了整个空间，并将千年的底蕴流转成令人痴迷的中式风尚。

叶青设计

- 实木地板的运用

实木地板具有天然环保、质感丰富、木纹自然等优点，而且其呈现出的优美木纹和色彩，能让中式家居更显自然并富有亲和力。适用于中式风格的实木地板原材料一般有枫木、樱桃木、柚木、水曲柳等。由于实木地板质感天然、触感好的特性使其成为中式风格客厅、卧室及书房等地面铺设的首选材料。

法式
风格 ⑤

• 法式风格床幔设计

在法式风格的床上搭配床幔,可以为卧室空间营造出一种宫廷般的华丽视觉感。法式风格的床幔
在造型和工艺上并不复杂,一般会选择有质感的织绒面料或者法式提花面料。常与卧室中窗帘、
床品或者其他家具的色调保持统一。为了营造古典浪漫的视觉感,法式风格床幔的帘头上大都会
有流苏或者亚克力吊坠,又或者用金线滚边来作为装饰。

• 法式风格软包设计

法式风格的软包材质一般以皮质为主，在造型上，通常会设计成组合的方形或菱形，并整齐有致地排列。此外，还会在软包的四周设计线条，让墙面空间更富有层次美感。在法式风格中，软包的运用非常广泛，对区域的限定也较小，如卧室床头背景墙、客厅沙发背景墙及电视背景墙等。

• 拼花木地板的运用

拼花木地板其图案丰富，具有一定的艺术性或规律性，根据结构的不同，拼花木地板可以分为实木拼花地板和复合拼花地板。极具装饰感的拼花木地板摆脱了以往木地板给人呆板、冷漠的印象。因拼装地板的外形极具艺术感，而且可以根据自己的需求设计图案，因此非常适合运用在追求装饰美感的法式风格家居空间。

• 法式风格落地窗设计

落地窗的设计在法式风格的家居中较为常见，不仅为家居环境带来了良好的采光，而且能让视觉更加开阔。同时，落地窗的设计也提升了法式风格家居大方雅致的空间氛围。此外，如果能为落地窗搭配上优雅大气的窗帘，还可以增添落地窗的装饰感以及增强整体空间的层次感。

餐厅

5

餐厅是全家人用餐的地方，也是宴请朋友、休息的场所。在设计餐厅时，由于空间大小各异，其组合运用亦各不相同。如果房屋的面积够大，设计独立式餐厅是比较理想的方案，不仅功能齐全，而且用餐环境也更为通透。如果户型面积不是很大，可考虑在其他功能区中设计一个具有用餐功能的空间。如果将餐厅设置在客厅区域，那么餐桌的颜色要考虑和沙发、地板的颜色搭配，也可以在餐桌下铺一块地毯，使餐厅空间更加突出。大部分小户型可选择在厨房旁边辟出一块空间当作餐厅，吃饭及收拾餐桌很方便。

轻奢 ① 风格

• 轻奢风格材料搭配

现代轻奢风格在装饰材料的选择上，从传统材料扩大到了玻璃、塑料、金属、涂料及合成材料等，并且非常注重环保与材质之间的和谐与互补，呈现出传统与时尚相结合的空间氛围。此外，由于现代轻奢风格的装饰艺术将设计表现的内容由表面的物质世界拓展到了深层次的精神世界，因此在空间中较少出现强调肌理的材质，而是更注重几何形体和艺术印象。

• 轻奢风格空间处理方案
轻奢风格不仅注重居室的实用性，而且还有着工业化社会生活的精致与个性，符合现代人的审美标准。在空间处理方面，强调宽敞、通透，墙面、地面、顶面、家具陈设乃至灯具器皿等均以简洁的造型、纯洁的质地、精细的工艺为特点。

• 运用墙纸应注意的问题

轻奢风格的墙纸一般会呈现暗线，图案内容可以适当地搭配一些复古元素。此外，由于墙纸不同的纹理、色彩、图案都会形成不同的视觉效果，因此还要结合自家房间的层高、居室的采光条件及户型的大小等因素来选择合适的墙纸。

简约风格 ②

• 自然光的运用

自然光的搭配对于简约风格家居空间的采光有着非常关键的作用。而且自然光线对于居住环境的舒适程度以及室内的空间装饰效果都密切相关。在简约风格中，如果采光较好，应该减少实体隔断，让室内空间尽量通透，而且家居色彩搭配不宜太深，这样能够让简约的空间显得更为敞亮和大方。

• 客餐厅一体化设计

客餐厅一体化的设计是简约风格家居最为常见的空间布局。可以选择既有装饰性又具备实用性的隔断来划分客厅和餐厅，比如可以设计一个小吧台或卡座作为客餐厅之间的隔断，让家居环境看起来更加温馨且充满设计感。在吧台或卡座下方设置柜子用于收纳、摆放装饰品，不仅能作为收纳空间，而且还能让空间看起来更加干净、美观。

● 餐桌摆设方案

由于简约风格的家居餐厅很多都是与客厅或者厨房共用一个空间。因此，为了节省餐厅极其有限的空间，将餐桌靠墙摆放是一个很不错的方式，虽然少了一面摆放座椅的位置，但是却减少了面积占用的范围。如果要将就餐区设置在厨房，需要厨房有足够的宽度，通常操作台和餐桌之间，甚至会有一部分留空，因此简易或是可折叠的餐桌是一个很不错的选择。

• 玻璃隔断设计

简约风格的空间中，常会利用玻璃作为功能区之间的隔断，这样的隔断方式会阻碍光线在室内的传播，在一定程度上改善了部分户型的采光缺陷，增强了简约空间的通透感。此外，还可以采用磨砂玻璃、艺术玻璃等材质作为隔断，丰富多彩的材质给简约风格家居空间带来了更为丰富的装饰效果。

高纯度色彩是指在基础色上不掺杂白色或者黑色的色彩。而在纯色中加入不同明度的无彩色，会出现不同纯度的色彩。以蓝色为例，向纯蓝色中加入一点白色，纯度下降而明度上升，变为淡蓝色，继续加入白色，其颜色会越来越淡。反之，加入黑色或灰色，则相应的纯度和明度会同时下降。

• 清新自然的餐厅设计

北欧风格家居环境的营造虽然简单朴素，而且成本较低，但仍然可以搭配出非常不错的效果。比如可以在不做装饰的原木餐桌上垫上餐巾，呈现出自然精致的装饰效果。此外，还可以在北欧风格的餐厅里搭配温莎椅，不仅能在空间里形成视觉焦点，而且还为餐厅空间增添了时尚简约的装饰格调，如再搭配玻璃器皿以及绿植的点缀，可以让餐厅环境显得更加清新自然。

• 餐桌摆饰方案

北欧风格的餐桌摆饰对装饰材料以及色彩的质感要求较高，总体设计应以简洁、实用为主。餐桌上的装饰物可选用陶瓷、金属、绿植等元素，且线条要简约流畅，以体现出北欧风格的空间特色。北欧风格餐具的材质包括玻璃、陶瓷等，造型上简洁并以单色为主，餐具的色彩一般不会超过三种，常见原木色或黑白色组合搭配。

· 餐厅灯饰搭配

在餐厅的餐桌上方选择搭配极富设计创意的吊灯，不仅能够提供艺术性装饰，而且也满足了餐厅空间的照明需求。在灯具的颜色上，可以选择搭配黄色，不仅能起到增进食欲的效果，而且还可以作为点缀色点亮空间。除此之外，还可以在餐桌上选择绿植作为装饰，让其与灯饰形成呼应，从而起到加强餐厅色彩互动的作用。

• 餐边柜搭配技法

新中式风格宜搭配简洁大方又不失古韵之美的餐边柜。比如可选择带有回纹、云纹等图案的柜体，能更好地体现出中华民族的传统文化。柜体上可以搭配水墨画、瓷器等中式元素，并可放置一些绿植，以丰富视觉效果。此外，在摆设上要注重位置的构图关系，例如以三角形、S 形等不同方式的摆放，不仅可以形成不同的装饰效果，而且能让空间显得更加协调。

• 新中式风格餐桌摆设

新中式风格餐厅追求清雅端庄的空间气质，因此在餐具的选择上应避免过于浮夸，而以大气内敛为主。在餐具上可以搭配一些带有中式韵味的吉祥图案，以展现中国传统美学的精髓。如能搭配适量质感厚重粗糙的餐具，还可以让就餐空间显得古朴自然，清新稳重。此外，中式餐桌上还常用带有流苏的玉佩作为餐盘装饰，呈现出典雅精致的美感。

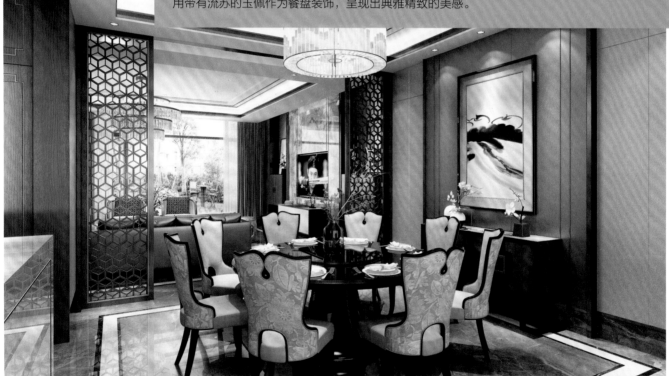

• 中式风格中的圆桌文化

中国人喜欢以家庭为单位制造出团圆的气氛。每逢节日家人聚在圆桌用餐，其乐融融，所以在中国传统里几乎没有用长桌吃饭的习惯。圆是中国文化中非常重要的元素，天圆地方、圆洞门、圆桌等无处不在的圆形元素，表达了中国人对圆形的尊崇。圆桌的初衷是为了平等，大家都有同样的距离用餐，但随着中国传统哲学思想渗透其中，又赋予了圆桌更为深刻的内涵。

• 鸟笼灯搭配方案

鸟笼是新中式风格中比较经典的元素。将灯饰打造成鸟笼的造型，可以给整个空间增添鸟语花香的氛围，常见的鸟笼造型灯饰有台灯、吊灯、落地灯等。如果为家居搭配鸟笼造型的吊灯要注意层高的要求，如果在层高不足的空间搭配鸟笼吊灯，会让空间更显拥堵。

• 镜面和木饰面的搭配法则

在中式风格的餐厅背景采用镜面和木饰面作为搭配，能使整个餐厅空间显得稳重且又带有一点活泼的感觉。此外，镜面的反射作用不仅延伸了整体空间的视觉，而且还提升了餐厅的采光。需要注意的是，镜面和木饰面的结合设计，在施工中要注意充分考虑镜子和木饰面板的厚度。此外，镜子最好要比木饰面板凹进 1 毫米左右，这样的收口会显得比较美观。

• 原木材料的运用

在众多的自然材质中，原木是中式风格空间最为常见及使用最广的材料。原木的运用让中式家居显得静谧低调，雅致自然，并于沉稳中透露着高贵的气息。在中式风格中，木系元素的使用涵盖范围十分广泛，常运用于地面、墙面、顶面、家具、软装饰品上，在色泽上也以原木本色为主。

法式风格 ⑤

• 法式风格餐厅的设计重点

法式风格餐厅的设计重点在于餐桌上的杯盘陈列、木头色家具的搭配以及色调的采用。法式的餐桌多以实木为首选，典雅尊贵，配以洁白的桌布、华贵的线脚、精致的餐具，加上柔和的光线、安宁的氛围等共同组成了欧式餐厅的特色。餐桌上餐具、家饰品也是以浅色系的色调为主，玻璃、瓷器以及餐垫等也都以轻盈的材质为主，营造出丰富却不繁复的感觉。整个餐厅给人感觉舒适高雅，富有情调。

法式风格通常会采用天鹅绒、锦缎等华丽的桌布来衬托出桌面上精致华贵的餐具。餐桌的正中央通常会摆放一个银制或者瓷质花器。法式风格的餐桌布置较为正式，虽然餐具、餐桌饰品齐全精美，但看起来不会繁杂无序，且极具典雅华丽的视觉感受。

· 餐厅吊顶设计方案

法式风格的吊顶作为餐厅装修设计的一部分，要与法式餐桌椅、墙面装饰及地面装修等恰到好处地融合在一起，以营造出浓郁的法式风情。法式餐厅的吊顶要选择正确的装饰材料，才能够起到其应有的装修效果。由于法式风格的餐厅吊顶一般花样繁多、造型多样，因此其材质搭配要有很高的可塑性。

卫浴间

6

卫浴间不仅是一个极具实用功能的地方，同时也是家庭装饰设计中的重点之一。一个完整的卫浴间，应具备如厕、洗漱、沐浴、更衣、干衣、化妆，以及具备一定的收纳功能。从布局上来说，卫浴间可分为开放式布置和间隔式布置两种。所谓开放式布置就是将浴室、便器、洗脸盆等设备都安排在同一个空间里，是普遍采用的一种方式；而间隔式布置一般是将便器纳入一个空间而让洗、浴独立出来，也就是常说的干湿分离，条件允许的情况下可以采用这种方式。卫浴间最基本的设计要求是合理布置洗手盆、座厕、淋浴间的位置。由于在设计楼盘时，水管、排污管等管道位置都已设计完备。因此，除非位置不够或者安装不下选购的用品，否则不要轻易对管道进行改动。

轻奢
风格 ①

• 玻璃材质的运用

玻璃是室内装修中透光性最好的材料，其呈现出晶莹剔透的质感，可以显著地提升轻奢空间的格调。此外，如果将玻璃作为家居空间的隔断墙，既能分隔空间，而且不会阻碍光线在室内的传播，因此也在一定程度上改善了部分户型的采光缺陷，增强了家居空间的通透感。需要注意的是，由于玻璃材质的反光特性，因此在安装时，要充分考虑安装玻璃隔断的位置会不会造成光源与视线的冲突。

廖丽雪设计

宁洁设计

力设计

意巢设计

壹舍设计

纳沃设计

- 仿石材墙砖的运用

仿石材的墙砖没有天然石材的放射性污染，而且灵活的人工配色避免了天然石材所存在的色差问题。此外，对石材纹理的把控让每一块仿石材砖之间的拼接更加自然，因此在运用时的随意性更大，搭配也更为灵活。仿石材墙砖一般是釉面砖，由于釉面是非常致密的物质，因此污物无法进入砖体里，从而让仿石材墙砖的防污性能优越，在轻奢风格的空间里选择使用仿石材墙砖能便于日后的清洁打理。

吴滨设计

简约风格 ②

• 简约风格中的黑白配

简约风格的色彩以清爽为原则，黑色和白色在现代简约风格中常常被作为主色调。黑白色被称为"无形色"或"中性色"，也是最基本的一种色彩搭配方式。此外，在以黑白色为主色调的空间里，可以选择适量跳跃的颜色用于点缀，如以花艺、工艺饰品、绿色植物等配饰颜色作为搭配。

叶青设计

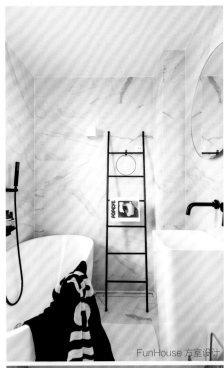

FunHouse 方室设计

伊派设计

- **筒灯的运用技巧**

在简约风格中，筒灯的利用率极高，一般嵌入到吊顶及天花板内。相对于普通明装的灯饰，筒灯更具有聚光性。此外筒灯还能保持建筑装饰的整体统一性，因此，不会因为灯饰的设置而破坏吊顶设计的装饰效果。在简约风格的家居空间里运用筒灯，可以减少不必要的空间占用，而且也不会破坏简约风格清爽、干净的空间特点。

• 极简卫浴间设计

简约风格的卫浴间强调功能性的设计，线条简约流畅是简约风格卫浴间最为明显的特点。能给人带来前卫、不受拘束的感觉。而且由于线条简单、装饰元素少，能完美的呈现出简约的美感。极简的设计手法不单是对简约风格特征的遵循，同时更是个性的展示。从实用角度上来说，简约的设计也为日后打扫时提供了不少的便利。

奇逸空间设计

李玮珉设计

• 卫浴间防水设计方案

卫浴间装修不好，经常会面临潮湿、积水、渗漏的问题，而且对身体健康也不利。装修卫浴间的时候，其防水措施一直是人们所关注的问题，想要做好卫浴间防水，大家不仅要关注卫浴间防水材料的质量而且还要注意防水施工的工艺。卫浴间装修的防水应该做到涂刷防水材料时总共要刷三遍改性沥青，铺两层玻璃丝布才算完成防水处理，除此之外，洁具安装也很重要。

菲拉设计

壹舍设计

• 自然元素的运用

现代简约风格总是将自然界的材质大量运用于居室的装修、装饰中，不推崇豪华奢侈、金碧辉煌，以淡雅节制、深邃禅意为境界，重视实际功能。简洁、工整、自然是简约风格卫浴间装修最明显的特点。淡雅、简单的空间设计使卫浴间的布局显得更为干净、清爽。

東荷逸品設計

冷元宝設計

所尚設计

北欧 ⬡3 风格

• **白色墙砖的运用**

白色墙砖在北欧风格中的运用极为常见，光洁的表面不仅能提升整体空间的亮度，而且还能让卫浴间显得更加洁净。虽然白色的墙砖看起来不耐脏，但由于其吸水率低，一般只需稍微清理，就能光亮如新。在铺贴墙砖之前，先将基层表面的灰尘和污渍清理干净，然后再将其表面的腻子层和涂料层去除干净。此外，还应对基层的平整度进行检查，如果基层不平，则需要用水泥砂浆找平，否则会影响墙砖的铺贴效果。

- **悬空式盥洗台设计**

壁挂式盥洗台适合面积较小的北欧风格卫浴间，悬挂于墙面上的造型设计，富有设计上的美感，而且空出洗手台的下部空间，不仅方便清洁，还能让卫浴间显得更加通透清爽，从而起到了减轻小空间拥堵感的作用。此外，将卫浴间悬空后，其下部空间还能收纳卫浴间里的小物件。

涵瑜设计

本空设计

寓子设计

知域设计

• 六角砖的运用技巧

作为空间的装饰点缀,六角砖的运用打破了传统空间设计的理念。灵动跳跃的错落铺排,虽然追求个性和自由,但却不剑走偏锋、过分浮夸。无论是背景墙装饰还是地面装饰,六角砖总能带来无限的创意与想象,并让家居空间呈现出独一无二的气质。此外,想要用六角砖打造出时尚精致的空间,还需在铺贴方式上进行合理的设计。不仅可以使用同色系搭配的方法,让空间显得和谐统一。还可以按深浅色的顺序排列,以渐变的效果让空间显得更加灵动优雅。

一亩绿设计

• 挂墙式马桶设计

北欧风格的卫浴间一般较小，如果安装落地式马桶则会占用更多的宝贵空间。因此，可以选择安装挂墙式的马桶，由于挂墙式马桶悬挂在墙面上，不与地面接触，因此容易打扫，相对比较卫生。此外，相对于传统的落地式马桶而言，挂墙式马桶不占用地面空间，加上与隐蔽式水箱的配合，可以改变马桶在卫浴间的位置，能够让空间利用起来更加灵活，容纳更多的东西。

中式风格 4

• 卫浴间灯饰搭配

为中式风格的卫浴间墙面搭配两盏具有中式特色的装饰壁灯，再加之以大面积的深色作为映衬，能让整体空间显得幽静而神秘。如果卫浴间里没有设置主光源，则可以考虑在顶面一侧加装隐藏式灯带，这样不仅能承托出中式风格的清幽和静雅，而且还有助于营造出卫浴间的私密氛围。

左鲁盟设计

派尚设计

• 卫浴间色彩搭配方案

新中式风格卫浴间的配色强调统一性和融合感，因此一般会采用同一色调进行搭配。此外，也可以搭配适当的点缀色，让卫浴间的环境更为灵动。在搭配点缀色时，必须控制好色彩的面积，而且应选择淡雅并具有清洁感颜色，如白色、淡黄色、淡蓝色、淡青色、淡绿色等。淡色的点缀，能给人耳目一新，清新自然的视觉感受。

钟巍设计

S.U.N 设计

钟巍设计

钟巍设计

• 搭配青砖营造古朴氛围
青砖色泽朴素、典雅大方，不仅装饰效果好，而且常给人一种宁静古朴的感觉。此外，青砖还具有历史传承的视觉效果，因此非常适合运用在传统中式风格的空间里。青砖的透气性和吸水性极好，能够保证室内空气的平衡，而且青砖中还含有具备杀菌效果的成分，因此青砖可以说是具有养生环保特性的砖类。

钟巍设计

钟巍设计

钟巍设计

大集壶巢设计

天鼓设计

钟巍设计

钟巍设计

钟巍设计

钟巍设计

钟巍设计

钟巍设计

钟巍设计

刘卫军设计

法式风格 ⑤

• 法式风格墙面设计

墙面是家居中占据视觉面积最大的部分，在法式风格中，墙面装饰主要由装饰线条和护墙板组成，有着厚重的历史感和优雅气质。而在现代法式风格中，则会使用壁纸代替护墙板的装饰，壁纸上常会饰以具有欧洲特色的装饰纹样，呈现出简约并富有质感的装饰效果。

叶青设计

青云居设计

叶青设计